中国少年儿童科学普及阅读文库

探索·科学百科™ 中阶

哺乳动物家族

中国少年儿童科学普及阅读文库
TANSUO KEXUEBAIKE
2级A1
探索·科学百科

[澳]梅瑞迪斯·柯思坦◎著
郁振(学乐·译言)◎译

Discovery EDUCATION™

全国优秀出版社
全国百佳图书出版单位
广东教育出版社 學樂

广东省版权局著作权合同登记号
图字：19-2011-097号

本书原由 Weldon Owen Pty Ltd 以书名*DISCOVERY EDUCATION SERIES · All in the Family*（ISBN 978-1-74252-167-1）出版，经由北京学乐图书有限公司取得中文简体字版权，授权广东教育出版社仅在中国内地出版发行。

图书在版编目（CIP）数据

Discovery Education探索·科学百科. 中阶. 2级. A1，哺乳动物家族/［澳］梅瑞迪斯·柯思坦著；郇振（学乐·译言）译. —广州：广东教育出版社，2014. 1

（中国少年儿童科学普及阅读文库）

ISBN 978-7-5406-9319-0

Ⅰ. ①D… Ⅱ. ①梅… ②郇… Ⅲ. ①科学知识—科普读物 ②哺乳动物纲—少儿读物 Ⅳ. ①Z228. 1 ②Q959. 8-49

中国版本图书馆 CIP 数据核字（2012）第150453号

Discovery Education探索·科学百科（中阶）
2级A1 哺乳动物家族

著［澳］梅瑞迪斯·柯思坦　　译 郇振（学乐·译言）

责任编辑 张宏宇 李 玲 丘雪莹　**助理编辑** 能 昀 于银丽　**装帧设计** 李开福 袁 尹

出版 广东教育出版社
地址：广州市环市东路472号12-15楼　邮编：510075　网址：http://www.gjs.cn
经销 广东新华发行集团股份有限公司
印刷 北京顺诚彩色印刷有限公司
开本 170毫米×220毫米 16开
印张 2　**字数** 25. 5千字
版次 2016年5月第1版 第2次印刷
装别 平装

ISBN 978-7-5406-9319-0　**定价** 8. 00元

内容及质量服务 广东教育出版社 北京综合出版中心
电话 010-68910906 68910806　网址 http://www.scholarjoy.com
质量监督电话 010-68910906 020-87613102　**购书咨询电话** 020-87621848 010-68910906

Discovery Education 探索·科学百科（中阶）

2级A1 哺乳动物家族

全国优秀出版社
全国百佳图书出版单位
廣東教育出版社
學樂

目录 Contents

神奇的哺乳动物

哺乳动物在地球上分布极广，丛林、沙漠、高山、冰寒极地、地下洞穴，甚至大洋之中，都能看到它们的身影。小到大黄蜂蝠，大到蓝鲸，所有的哺乳动物都有一些相同的特征：体表被毛、体温恒定、胎生、母体分泌乳汁哺育后代。

脊椎动物与无脊椎动物

脊椎动物是有脊椎骨的动物，只占到所有动物物种的5%。哺乳动物是脊椎动物。无脊椎动物是没有脊椎骨的动物，占到所有动物物种的95%。

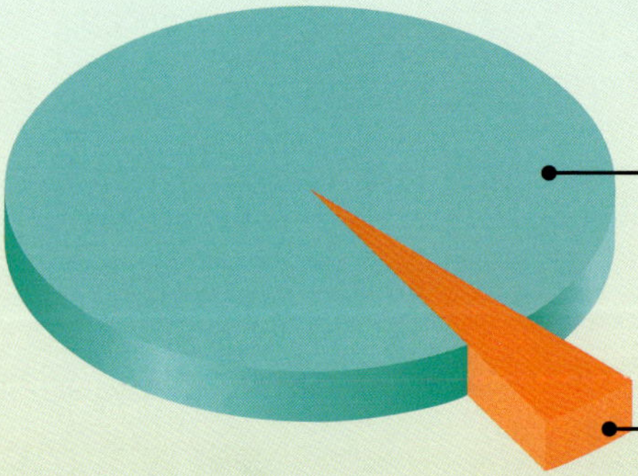

无脊椎动物

无脊椎动物包括蜜蜂、蝴蝶、蚂蚁和甲虫等。

脊椎动物

脊椎动物包括鱼类、两栖类、爬行类、鸟类和哺乳动物等。

形态与大小

经过世代演变，哺乳动物进化成为不同形态的物种，极好的适应性使得哺乳动物在各种不同的环境中得以生存繁衍。

不同类型的哺乳动物

根据幼仔出生方式不同，哺乳动物可以分为如下图三种类型。除了单孔类动物，所有的哺乳动物都是胎生。

有胎盘哺乳动物

包括非洲丛猴在内的大多数哺乳动物都有胎盘，幼仔在出生前一直在母体的子宫里发育。

单孔目动物

单孔目动物是唯一的卵生哺乳动物。目前为止，世界上仅发现了三种单孔目动物，澳洲针鼹便是其中之一。

有袋动物

有袋动物把幼仔养在育儿袋里。包括澳大利亚沙袋鼠在内，世界上有300余种有袋动物。

不可思议！

蓝鲸是地球上最大的哺乳动物。它的主动脉非常粗，完全能容纳一个人从里面匍匐通过。

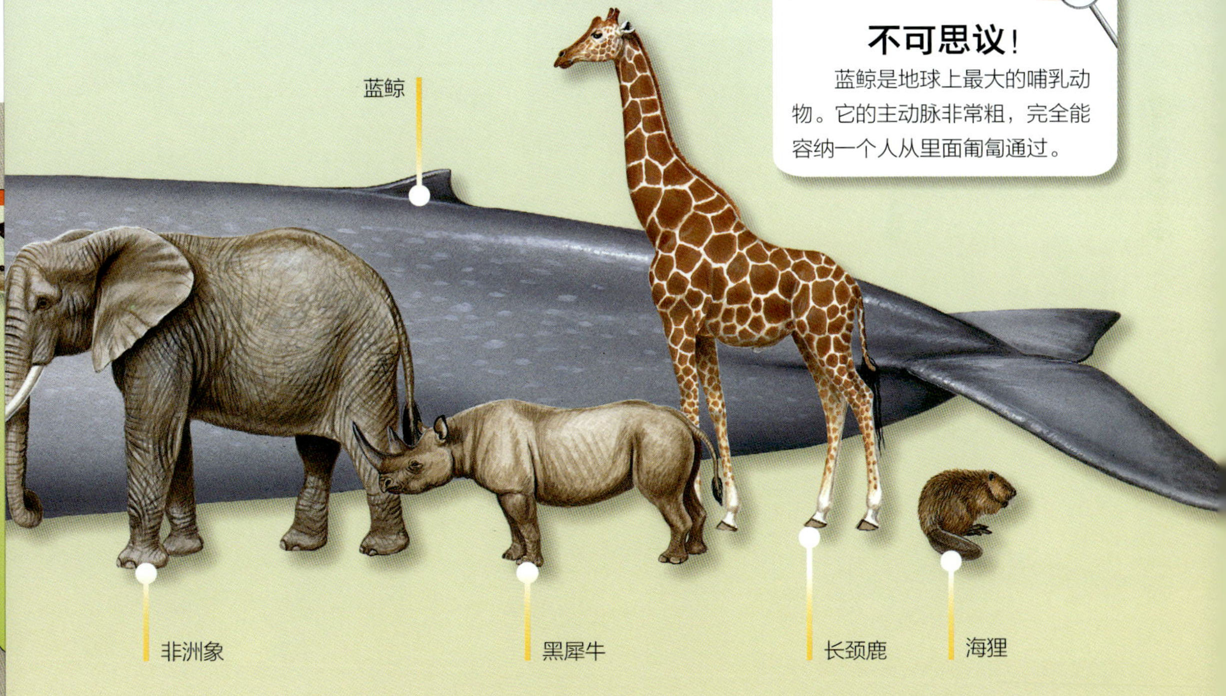

哺乳动物生物学

哺乳动物是动物界中最完美的类群之一。哺乳动物能够保持体温恒定，因此它们能在不同的环境中生存，即便环境发生变化，它们也能够适应。

冬眠

许多哺乳动物借助冬眠保存能量，度过寒冬。冬眠时，它们以体内贮存的脂肪为能量来源。在冬眠中，它们的心跳和呼吸都会变得缓慢，体温也比平常低。

表情

与同伴交流的时候，黑猩猩的表情十分丰富。在灵长类动物中，除了人类，黑猩猩的面部表情最为丰富。

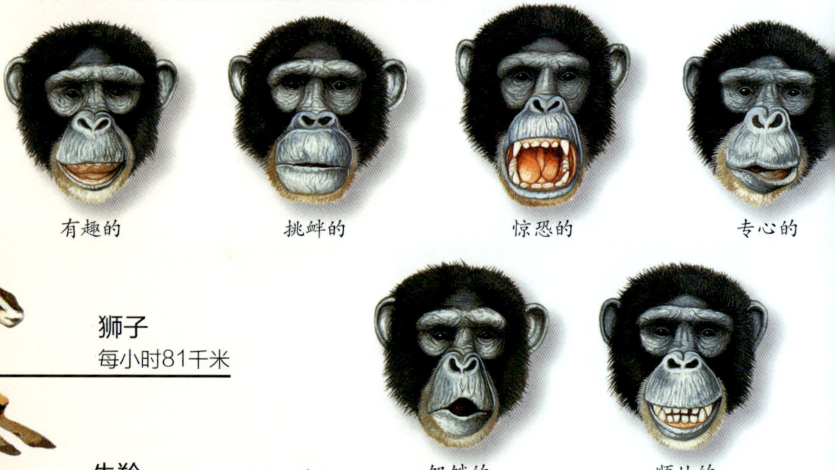

短跑名将

猎豹是陆地上跑得最快的动物。它全速奔跑时的速度能够达到每秒26.5米。

老谋深算的狼

狼群在追捕猎物时通力合作。它们通过肢体动作和面部表情来交流，当与同伴分散时，它们通过嚎叫告诉同伴自己所在的位置。

生育方式

哺乳动物之间的一个重要区别就是生育方式不同。单孔目动物卵生。有胎盘哺乳动物的胚胎待在子宫中的时间更长，因此它们在出生时比有袋动物发育更完全。

卵生

鸭嘴兽，属于单孔目动物，通过卵生而不是胎生繁衍后代。

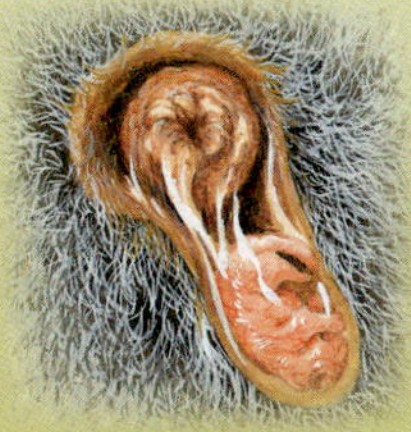

发育不完全的胎生

袋食蚁兽属于有袋动物。小袋食蚁兽从产道进入妈妈的育儿袋中。

发育完全的胎生

长颈鹿属于有胎盘哺乳动物，小长颈鹿在妈妈子宫里发育。

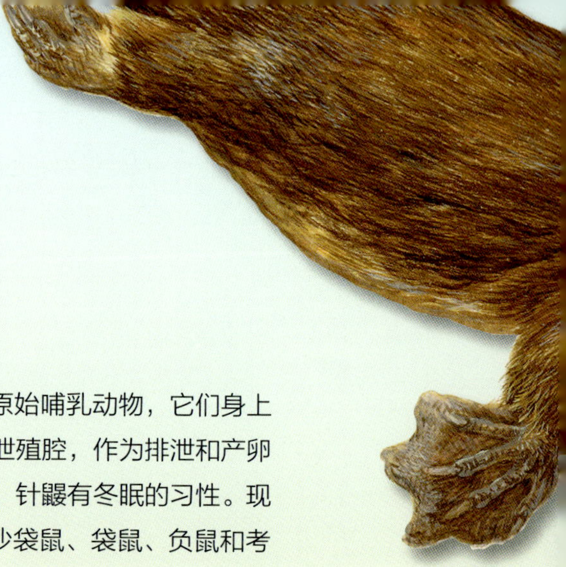

卵生哺乳动物与有袋动物

鸭嘴兽、短吻针鼹（yǎn）和长吻针鼹都是原始哺乳动物，它们身上有许多爬行动物的特征。例如，它们都有泄殖腔，作为排泄和产卵的出口。它们的体温比大多数哺乳动物低，针鼹有冬眠的习性。现在发现的有袋动物共约 300 余种，代表动物包括沙袋鼠、袋鼠、负鼠和考拉等。大多数有袋动物都生有一个育儿袋。

针鼹

针鼹有发达的前肢，各趾有强大的钩爪，能够掘开坚硬的土层。它粗厚的皮毛能够阻止热量散失，体表的尖刺能够起到保护作用。遇到攻击时，针鼹可以迅速掘土为穴，把自己藏在里面。

雄性针鼹和鸭嘴兽后腿生有毒刺。

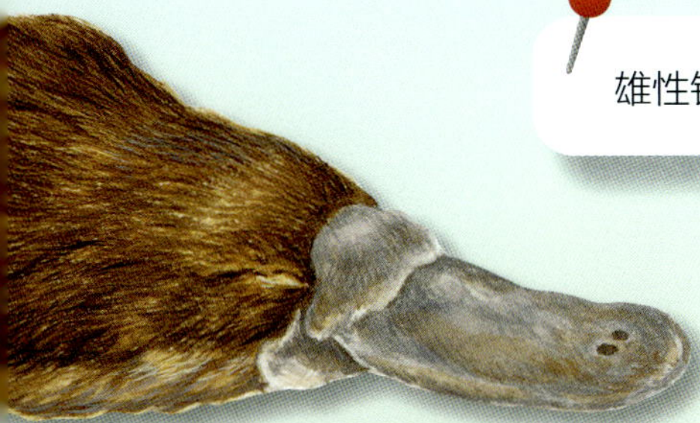

鸭嘴兽

鸭嘴兽的身体构造非常适于水中生活。它的趾间有蹼，细密的绒毛能在皮肤上形成一层空气层，起到保持体温的作用。

考拉

成年考拉以树叶为食。新生考拉在母亲的育儿袋里以母乳为食，等它长大一些，就能趴到母亲的背上了。

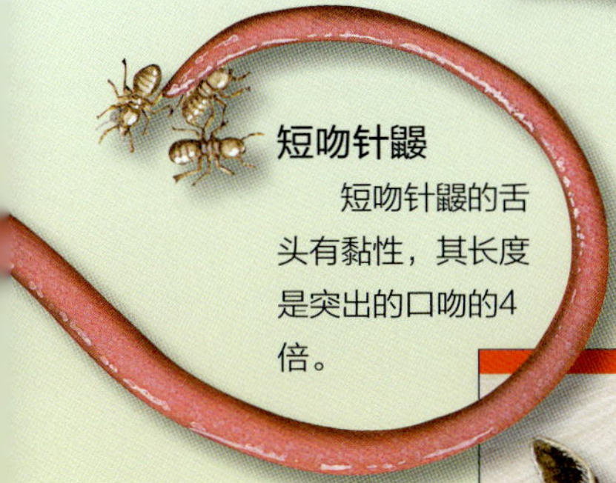

短吻针鼹

短吻针鼹的舌头有黏性，其长度是突出的口吻的4倍。

袋鼠

目前发现有59种沙袋鼠和袋鼠，大多数群体生活。有的袋鼠身高达1.8米。

袋里乾坤

小袋鼠头朝前钻进母亲的育儿袋里，然后扭转身体，调整为舒服的姿势。

嗅觉灵敏的哺乳动物

超过一半的哺乳动物以昆虫为部分食物来源。食虫动物以小型哺乳动物居多，比如鼩鼱、刺猬、鼹鼠等，这些动物甚至主要以昆虫为食。它们一般是独居的夜行性动物，活动时主要依靠敏锐的嗅觉，而非视力。多数食虫动物都有尖锐的牙齿和长而窄的吻部，凭借嗅觉找寻食物。

大食蚁兽

大食蚁兽身长可达1.8米。它们在陆地上生活，不像其他食蚁兽栖息在树上。雌性大食蚁兽把幼兽背在背上。

阿尔及利亚刺猬

比利牛斯鼬鼹

万能的鼻子

阿尔及利亚刺猬的鼻子短而尖，长有敏感的刚毛。比利牛斯鼬鼹的鼻子长而柔韧，能够伸入岩石下面找寻昆虫。欧洲鼹鼠依靠灵敏的嗅觉感知猎物所在。

欧洲鼹鼠

会飞的哺乳动物

蝙蝠前肢生有翼膜，是唯一真正具有飞行能力的哺乳动物。小到猪鼻蝙蝠，大到菲律宾果蝠，现今已经发现1 100种蝙蝠。

倒挂休息
灰头狐蝠晚上出来觅食。白天，它们群聚在一起，倒挂在树上休息。

回声定位

蝙蝠通过发出一连串的超声波发现和捕捉猎物。
声波遇到猎物后反射回来，蝙蝠就能探知到猎物所在的位置。

蝙蝠发射高频声波。

离猎物越近，声波反射频率越高。

蝙蝠捉住了猎物。

不可思议！

大食蚁兽没有牙齿。它用长长的舌头舔食蚂蚁或白蚁，每天要吞食数千只之多。

灵长类哺乳动物

原始灵长类动物

狐猴在拉丁文中的意思为“鬼怪”，是一种夜行性的原始灵长类动物。它的叫声听上去有些恐怖。狐猴曾经分布广泛，但现在仅存于非洲的马达加斯加岛。

灵长类动物可以分为两类。一类是大脑、视力和触觉都很发达的更为高级的类群，包括猴子、类人猿和人类；另一类是较为低级的类群，包括狐猴、丛猴、懒猴和眼镜猴，它们与食虫祖先还有许多相似之处。多数灵长类动物生活在食物丰富的热带地区。

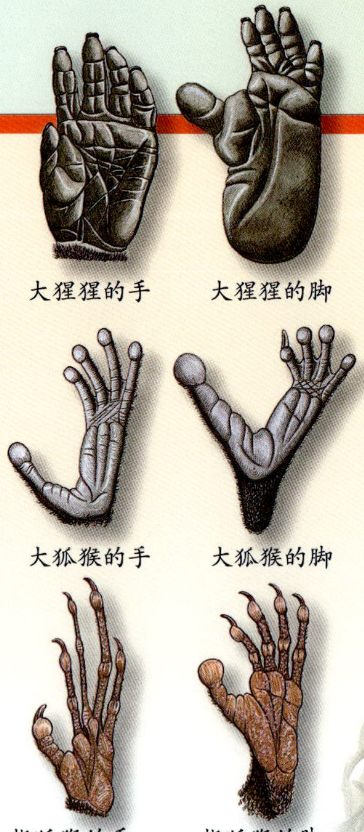

手和脚

大猩猩用灵巧的双手采集树叶、树皮和果实。大狐猴的手脚特别适于攀爬。指狐猴把细长的手指伸进树洞里，掏食昆虫幼虫。

眼镜猴

眼镜猴生活在东南亚的雨林中，在树枝间跳跃觅食。眼镜猴有大大的耳朵和眼睛，眼球和大脑差不多大小。

经过训练，黑猩猩能够通过表情和肢体语言同人类进行交流。

温和的巨人

大猩猩看起来吓人，但其实是性情温和的素食动物。到了晚上，大猩猩会在树梢搭建一个温暖的巢穴，避开捕食者的侵扰。它们过的是家族群体生活，在东非和中非的丛林中活动觅食。每个家族都由一个壮硕的雄性银背大猩猩统领，如果有其他雄性大猩猩来犯，首领会大声吼叫并捶打自己的胸口恐吓对方，尽力赶跑对方。

雌狮捕猎时一起行动。它们悄悄地接近猎物，并快速发动致命一击。

潜行与捕杀

现存的猫科动物有36种，小巧玲珑的小斑虎猫和身体壮硕的西伯利亚虎都属于猫科动物。猫科动物的捕猎方式基本差不多，它们悄无声息地潜行接近猎物，等待发动攻击的最好时机，然后，突然冲向猎物，将之扑倒在地，用爪子按住，并用牙齿咬住猎物的脖子或喉管，结束猎物的性命。

食肉哺乳动物

食肉哺乳动物指以肉为食的动物，它们有长长的犬齿，能够轻易地咬住、杀死猎物。食肉动物用门齿把肉从骨头上剥离，并用裂齿切割食物，这与食草动物用臼齿研磨食物不同。不是所有的食肉动物都只吃肉——许多食肉动物有时也以植物为食。有的食肉动物群居生活，但大部分都是独居生活，独自捕猎。

食肉动物

食肉动物遍布世界各地，可以分为七个科：犬科、猫科、熊科（包括大熊猫）、浣熊科、灵猫科、鬣狗科与由鼬鼠、貂、水獭、臭鼬和獾组成的鼬科。

食草动物与食叶动物

植食性哺乳动物根据食物的来源，又可分为食草动物和食叶动物。食草动物，比如白犀牛，主要以草为食物，白犀牛上唇平阔，适于啃食短粗的草。黑犀牛是食叶动物，因为它们上唇突出，适于从树上啃食肥厚的叶片、嫩芽和花。

犀牛

目前世界上仅存的5种犀牛（白犀牛、黑犀牛、苏门答腊犀牛、爪哇犀牛和印度犀牛）都是植食性的，它们以树叶或草为食物。犀牛主要在夜间进食，在没有水的情况下，它们能够存活数天。

长颈羚

东非长颈羚十分适应沙漠生活，它们从不需要喝水，只需啃食多刺灌木或树上的嫩叶，就能够补充所需水分。

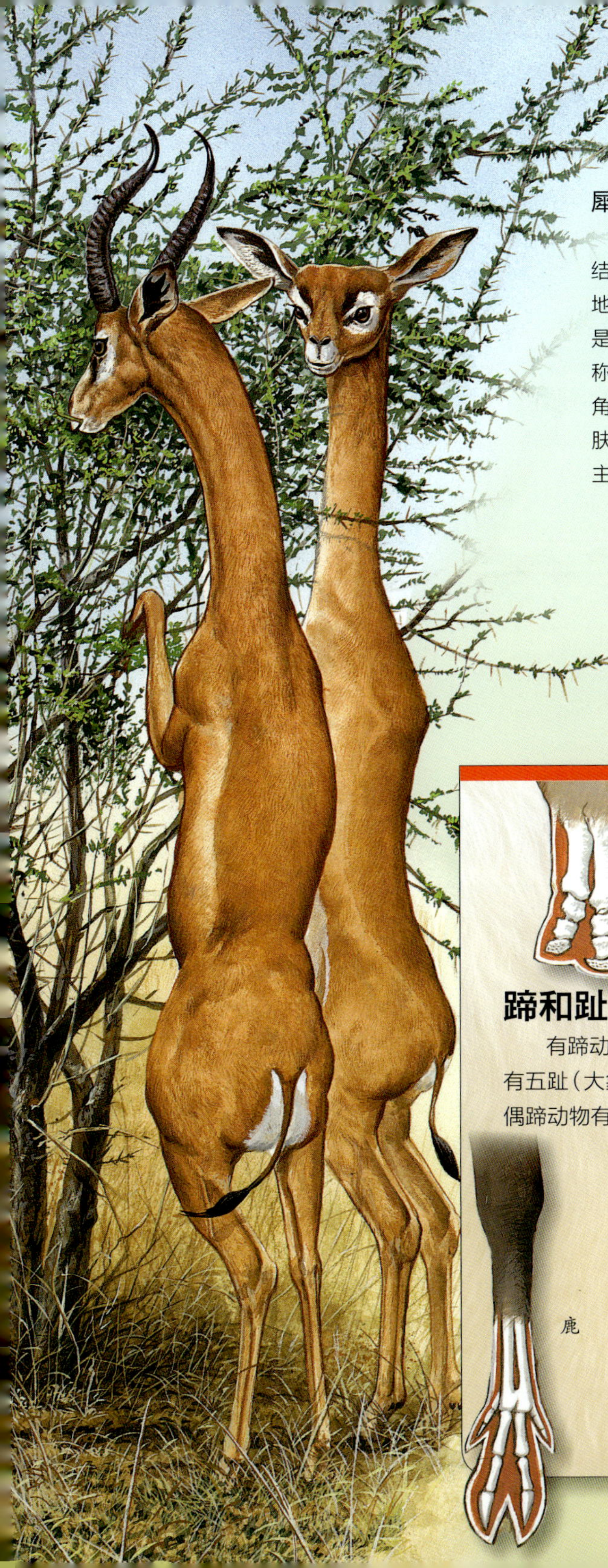

犀角、鹿角和羊角

尽管犀角、鹿角和羊角的结构不同，但它们都是力量和地位的象征。邦戈羚羊的羊角是骨质的，上面覆盖着一层被称作角蛋白的硬化皮肤。鹿角上覆盖着一层柔软的皮肤，叫做鹿茸。犀牛角的主要成分是角蛋白。

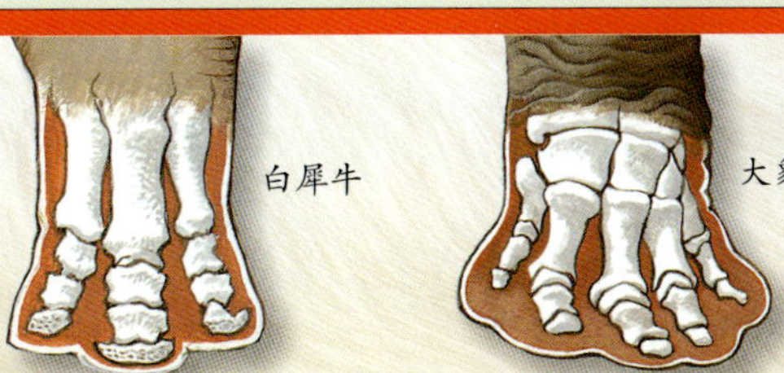

蹄和趾

有蹄动物即长有蹄子的哺乳动物。原始有蹄动物一般有五趾（大象）。奇蹄动物有三趾（犀牛）或一趾（斑马）。偶蹄动物有两趾（骆驼）或四趾（鹿）。

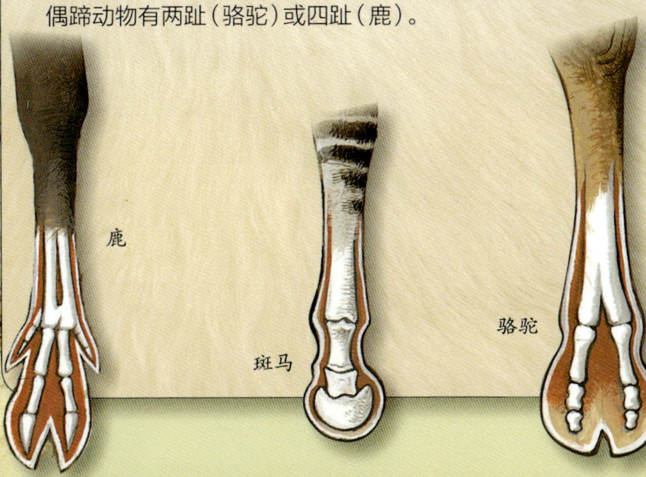

啮齿动物与穴居动物

啮齿动物在世界范围分布很广，从沙漠到极地，都能看到它们的身影。不同种类的啮齿动物体型相差很大。侏儒跳鼠仅有火柴盒大小，而水豚体重可达到 50 千克。有些种类的啮齿动物，比如松鼠，生活在树上，草原土拨鼠等其他一些啮齿动物群居生活在地下洞穴中，海狸大多数时间都生活在水中，鼹鼠等食虫动物大多数时间都在地下活动。

筑坝工人

欧洲海狸和北美海狸都以树皮树叶为食，半水栖生活。它们建造宽大的巢屋，并垒筑堤坝，拦截溪流，形成水塘，从而避免掠食者的侵害。

隧道世界

鼹鼠在地下掘出复杂的隧道网络，这些隧道能够陷捕并储存蚯蚓和蛆形软虫。隧道也是鼹鼠睡觉和哺育后代的地方。

连通地表的隧道出口。
复杂的隧道网络。
有的隧道长达200米。
鼹鼠在隧道中觅食。
修建隧道中的育婴室。

食物储藏

鼹鼠吃蚯蚓的时候，先吃掉它的头，然后用爪子撸过蚯蚓的身体，去掉蚯蚓身上的沙砾。鼹鼠会在地道洞室内储存活虫，留到以后再吃。

啮齿动物家族

啮齿动物占到所有哺乳动物种类的三分之一还多。最大的啮齿动物是南美水豚，它是一位游泳健将。尽管旅鼠生活在严寒的北极地区，它们却并没有冬眠的习性。家鼠是灵巧的攀爬能手。冕豪猪遇到危险时会快速抖动身上的棘刺，发出咔哒咔哒的声音。

家鼠

冕豪猪

水豚

旅鼠

濒临绝种的儒艮

在印度洋中曾经生活着相当多的儒艮，可现在，只有少量儒艮存活了下来。它们大多生活在澳大利亚以北的水域，海草床为儒艮提供了庇护和食物。

海洋哺乳动物

生活在水中的哺乳动物可以分为三类：鲸类（鲸鱼、海豚和鼠海豚）、海牛类（儒艮、海牛）与鳍足类（海象、海狮和海豹）。鳍足类有时也在陆地上活动，海狮能够撑起后鳍行走，而海豹在陆地上只能像毛虫一样爬行。鲸类和鱼类在外表上非常相似，但鲸类是恒温动物，胎生并给幼仔哺乳。

真的还是假的？

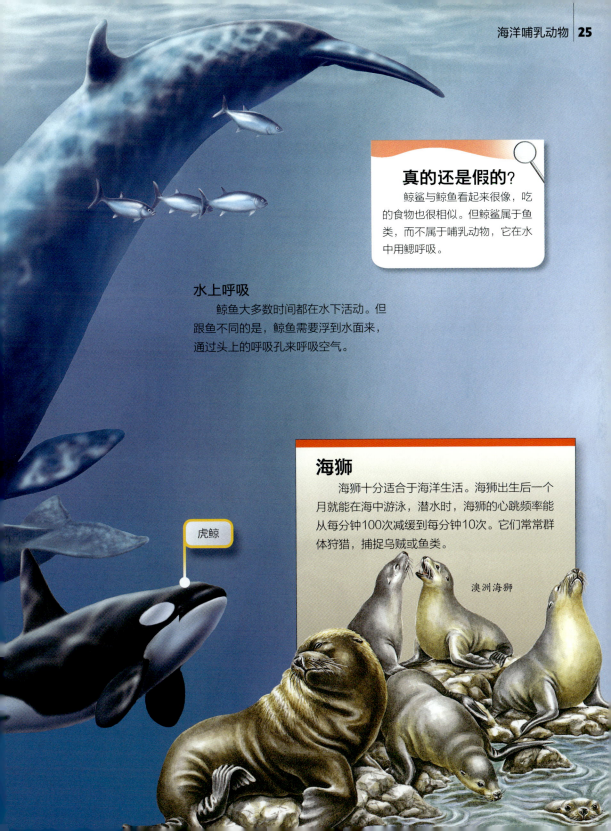

鲸鲨与鲸鱼看起来很像，吃的食物也很相似。但鲸鲨属于鱼类，而不属于哺乳动物，它在水中用鳃呼吸。

水上呼吸

鲸鱼大多数时间都在水下活动。但跟鱼不同的是，鲸鱼需要浮到水面来，通过头上的呼吸孔来呼吸空气。

海狮

海狮十分适合于海洋生活。海狮出生后一个月就能在海中游泳，潜水时，海狮的心跳频率能从每分钟100次减缓到每分钟10次。它们常常群体狩猎，捕捉乌贼或鱼类。

哺乳动物趣闻

哺乳动物非常神奇。它们能把食物中的能量转化为身体的热量，年幼的哺乳动物能从生活经验中学习，因此，它们是所有动物类群中最高级的。看看哺乳动物还有哪些神奇的本领。

獠牙的长度

雄海象的獠牙最长能够达到68厘米。

大嗓门

在所有陆生动物里面，雄吼猴的叫声最大。它们的吼叫声在4.8千米以外都能听见。吼猴生活在中南美洲的热带雨林中。

最不像的亲戚

蹄兔的体重最多有5千克，而它的近亲大象的体重足足有7 000千克。

一生的伴侣

只有几种哺乳动物在一生中拥有固定的配偶，长臂猿就是其中之一。

急速心跳

小鼩鼱的心跳频率达到每分钟1 000次。人类的心跳频率为每分钟60次左右。

杂交斑马

马和斑马交配会生出什么？当然是杂交斑马！杂交斑马不能繁育后代。

蛇獴大战

獴对蛇的毒液免疫，因此它可以把眼镜蛇等毒蛇当做捕猎对象。獴凭借灵活的身体在眼镜蛇身边快速移动，然后出其不意咬住蛇的脖子，把它杀死。

日光浴爱好者

环尾狐猴喜欢晒太阳。它们晒太阳时会尽量伸展身体，以便获得更多的太阳光。

育儿袋里的“花生米”

小沙袋鼠出生的时候，只有花生米大小。

吸血鬼

吸血蝙蝠有剃刀般锋利的门齿。它们只在完全黑暗时出来捕食。

才智非凡

抹香鲸的大脑是所有动物中最大的——重量是人类大脑的5倍还多。

大家伙

象鼻非常灵敏而有力，既能够卷起一根草，也能够把一整棵树连根拔起。大象还会用鼻子往身上喷水或泥浆。

大花脸

在所有的猴子里面，要数山魈脸的颜色最为鲜艳，它的鼻子是鲜红色，脸颊是蓝色的。

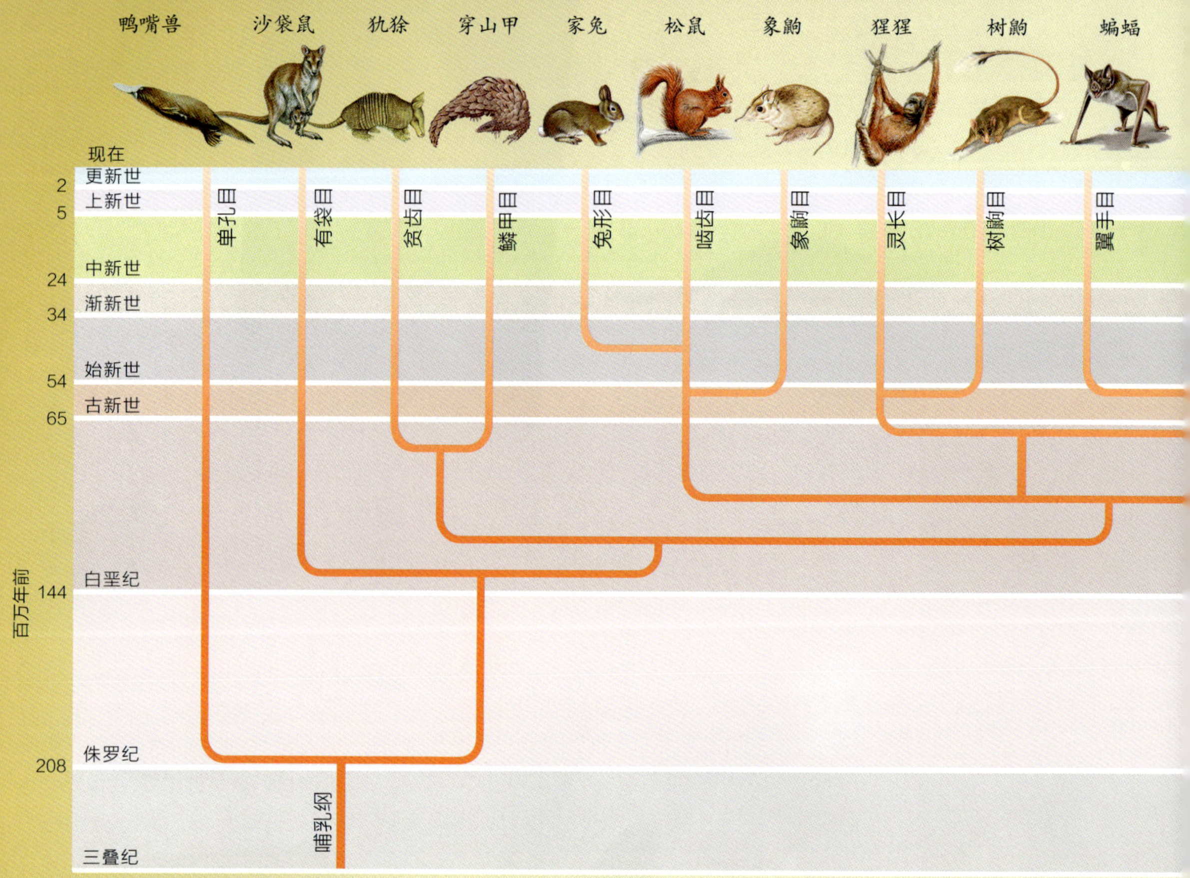

哺乳动物的分类

哺乳动物根据幼仔出生方式不同，可以分为有胎盘哺乳动物、单孔目动物和有袋动物。在哺乳动物分类学中，最大的三个目分别是：啮齿目（家鼠和野鼠）、翼手目（蝙蝠）和鼩形目（鼩鼱和鼹鼠）。灵长目（包括人类）是第六大哺乳动物类群。

哺乳动物的分目

哺乳动物（哺乳纲）约有4 600种。哺乳纲又以细分为以下这些目：

单孔目 包括3种动物：鸭嘴兽、短吻针鼹和长吻针鼹。

有袋目 哺乳动物约有280种，代表动物有考拉袋鼠。

贫齿目 有29种，代表动物有生活在中南美洲的蚁兽、树懒和犰狳。

鳞甲目 包括7种穿山甲，体表覆盖有角质鳞甲，蚁类为食，生活在非洲和东南亚地区。

兔形目 包括65种家兔和野兔，它们在非洲、欧亚洲、北美洲和南美洲都有分布。

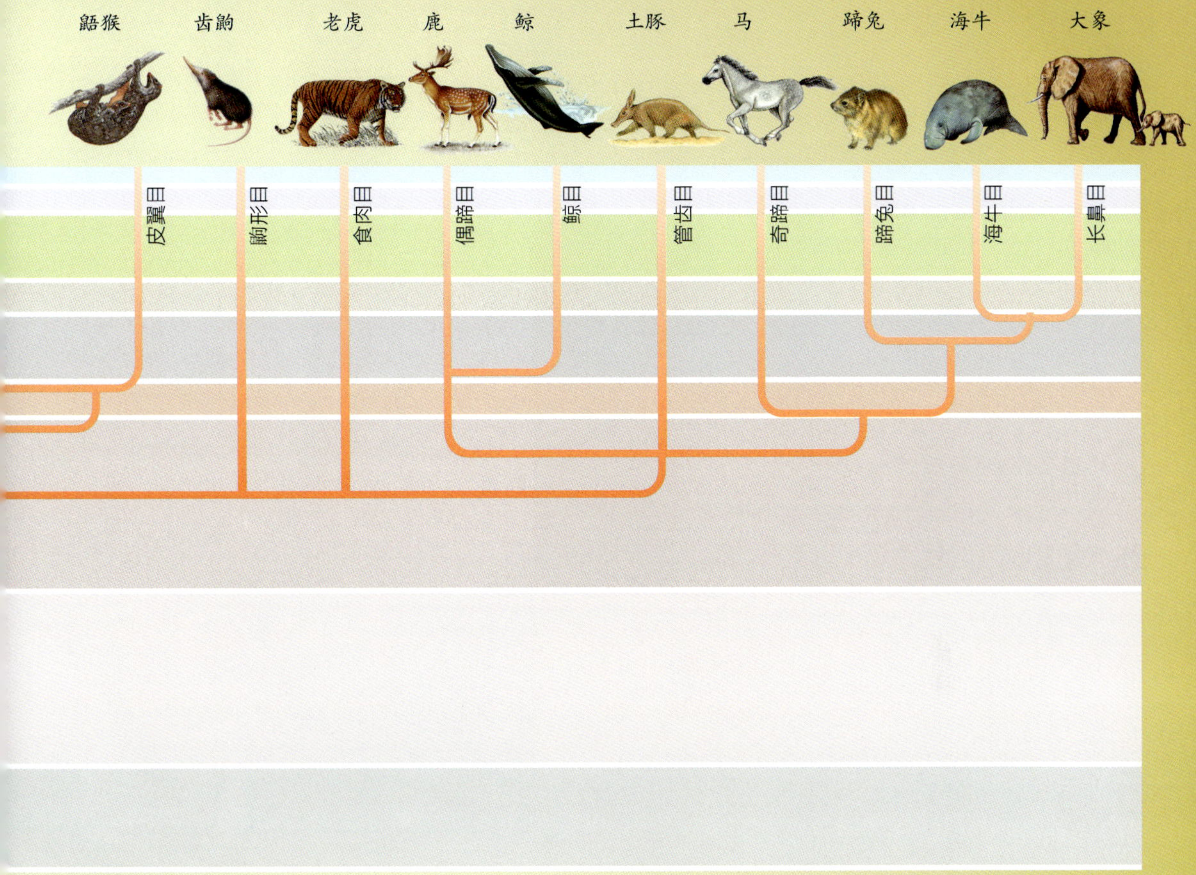

啮齿目 包括1793个物种，是哺乳纲中最大的目。除了南极洲，啮齿目动物在世界各地都有分布。

象鼩目 有15种象鼩，以昆虫为食，仅分布在非洲地区。

灵长目 有201种，大多数属于猴子、眼镜猴或栖息在树上的原猴类，比如狐猴。类人猿是体型最大的灵长目动物。

树鼩目 有16种树鼩，都生活在亚洲地区。只有一种是夜行性的。

翼手目 包括977种不同物种的蝙蝠，是哺乳纲第二大目。

皮翼目 包括2种鼯猴，都生活在东南亚地区。

鼩形目 包括365个不同物种，代表动物有鼩鼱、鼹鼠和沟齿鼩。

食肉目 包括269个不同物种，它们以肉为食，广泛分布在几乎所有的大洲。

偶蹄目 包括194个物种，它们的脚趾个数都是偶数，代表动物有骆驼、长颈鹿、河马和山羊。

鲸目 包括77个不同物种的鲸、海豚和鼠海豚，它们在各大洋中都有分布。

管齿目 仅有1个物种，是一种短腿长鼻的土豚，它生活在撒哈拉地区。

奇蹄目 包括16个不同物种的马、貘和犀牛，它们生活在非洲、亚洲和南美洲。

蹄兔目 包括8个不同物种，外形与兔相似，它们生活在非洲和中东地区。

海牛目 包括4个不同物种的海牛和儒艮。

长鼻目 大象是体型最大的陆生哺乳动物。长鼻目包括两个不同物种：非洲象和亚洲象。

考考你

找出下面这些问题的答案，创建一个哺乳动物各项记录的荣誉殿堂。有的信息能够在本书中找到。

1 体型最大的哺乳动物

2 体型最小的哺乳动物

3 最高的哺乳动物

4 跑得最快的哺乳动物

5 行动最慢的哺乳动物

6 叫声最大的哺乳动物

7 叫声最大的陆生哺乳动物

8 最臭的哺乳动物

9 皮肤最厚的哺乳动物

10 寿命最长的哺乳动物

答案：1 蓝鲸 2 大黄蜂蝠（又名猪鼻蝙蝠）3 长颈鹿 4 猎豹 5 树懒6 蓝鲸 7 吼猴 8 条纹臭鼬 9 犀牛 10 北极露脊鲸

知识拓展

祖先(ancestor)
演化出现代生物的古代生物。

犬齿(carnassial teeth)
尖锐锋利的牙齿，哺乳动物用它来撕裂食物。

肉食动物(carnivore)
主要以肉为食物的动物。

环境(environment)
影响动物发育和行为的一切外界物理条件的总和。

植食动物(herbivore)
只以树根、树叶和种子等植物性食物为食的动物。

冬眠 (hibernate)
在冬季僵眠数月，等到春天到来时才会苏醒，以储存在体内的脂肪为能量来源，为了减少能量损耗，呼吸和心跳都变得极为缓慢。

门齿 (incisors)
位于动物口前端的牙齿，用于切断食物。

食虫动物 (insectivore)
只以或主要以昆虫或无脊椎动物为食的动物。

无脊椎动物 (invertebrate)
没有脊椎骨的动物。

哺乳动物 (mammal)
恒温脊椎动物，分泌乳汁哺育后代，下颌仅由一块骨骼构成。多数哺乳动物身体被毛，后代为胎生。

有袋动物 (marsupial)
一种胎生哺乳动物，幼仔出生时发育还不完全。幼仔在能够独立行动生活前，一直住在育儿袋中，以母乳为食物。

单孔目动物 (monotreme)
一种原始的卵生哺乳动物，许多特征与爬行动物相同。

夜行性 (nocturnal)
动物在白天睡觉，在夜间出来活动的习性。

抚养 (nourish)
为动物提供生存和成长所需要的食物和其他物质。

有胎盘哺乳动物 (placental mammal)
一种后代在母体体内完全发育，并由胎盘（一种富含血液的器官）供给所需营养的哺乳动物。

捕食者 (predator)
捕食其他动物的动物。

灵长类 (primate)
一种最为进化的高等动物类群，有灵巧的手和脚，以及发达的视力和大脑。

啮齿动物 (rodent)
一种体型较小的有胎盘哺乳动物，门齿很大，用于啃咬。

有蹄动物 (ungulate)
大型的，有趾的植食性哺乳动物。

脊椎动物 (vertebrate)
有脊椎骨的动物。

Discovery Education探索·科学百科（中阶）

探索·科学百科™

Discovery EDUCATION

世界科普百科类图文书领域最高专业技术质量的代表作

小学《科学》课拓展阅读辅助教材

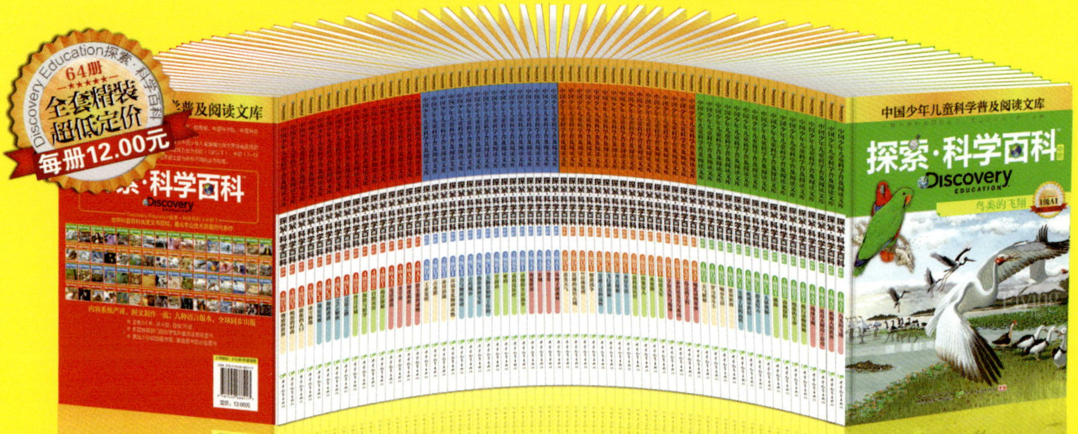

Discovery Education探索·科学百科（中阶）丛书，是7~12岁小读者适读的科普百科图文类图书，分为4级，每级16册，共64册。内容涵盖自然科学、社会科学、科学技术、人文历史等主题门类，每册为一个独立的内容主题。

Discovery Education
探索·科学百科（中阶）
1级套装（16册）
定价：192.00元

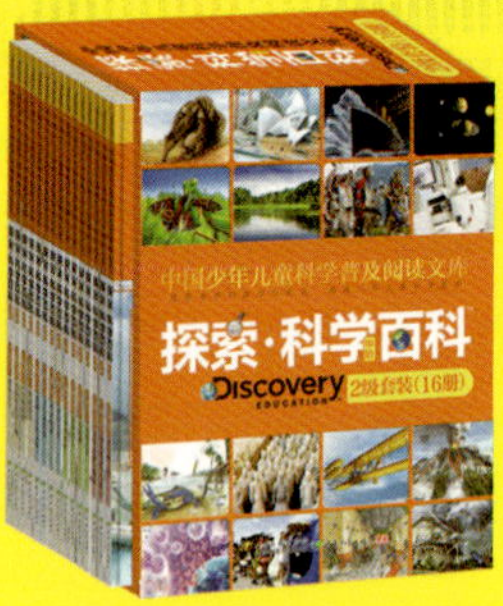

Discovery Education
探索·科学百科（中阶）
2级套装（16册）
定价：192.00元

Discovery Education
探索·科学百科（中阶）
3级套装（16册）
定价：192.00元

Discovery Education
探索·科学百科（中阶）
4级套装（16册）
定价：192.00元

Discovery Education
探索·科学百科（中阶）
1级分级分卷套装（4册）（共4卷）
每卷套装定价：48.00元

Discovery Education
探索·科学百科（中阶）
2级分级分卷套装（4册）（共4卷）
每卷套装定价：48.00元

Discovery Education
探索·科学百科（中阶）
3级分级分卷套装（4册）（共4卷）
每卷套装定价：48.00元

Discovery Education
探索·科学百科（中阶）
4级分级分卷套装（4册）（共4卷）
每卷套装定价：48.00元